Pedro Andreo-Martínez
Nuria García-Martínez
Luis Almela

Diseño y proyección de humedales construidos

Pedro Andreo-Martínez
Nuria García-Martínez
Luis Almela

Diseño y proyección de humedales construidos

Proyecto de un humedal construido tipo híbrido utilizando Phragmites australis

PUBLICIA

Imprint

Cover image: www.ingimage.com

Publisher:
PUBLICIA
is a trademark of
International Book Market Service Ltd., member of OmniScriptum Publishing Group
17 Meldrum Street, Beau Bassin 71504, Mauritius
Printed at: see last page
ISBN: 978-620-2-43262-7

Índice

1. Introducción

1.1. Humedales construidos

Los humedales construidos comenzaron a utilizarse en Europa en los años 60 y se pueden definir como sistemas de ingeniería que han sido diseñados para la depuración de aguas residuales de todo tipo. Estos sistemas imitan los mismos procesos de depuración que ocurren de forma natural en los humedales naturales, pero en un ambiente más controlado. Se trata de sistemas relativamente simples, en comparación con las plantas convencionales de depuración de aguas residuales y suelen estar formados por uno o varios lechos impermeabilizados para evitar las posibles infiltraciones al subsuelo. El lecho de los humedales construidos suele estar relleno con áridos de diferente granulometría y también suelen estar plantados con vegetación del tipo macrófita. Las raíces de la vegetación actúan como soporte físico para los microorganismos involucrados en los procesos de depuración, asisten a los procesos de filtración y proporcionan oxígeno al medio, entre otras acciones. Los humedales construidos son una solución interesante para mejorar la calidad de las aguas residuales antes de su eliminación al medio ambiente y/o su reutilización para riego. De hecho, los humedales construidos han demostrado ser eficientes para reducir los principales contaminates químicos (sustancias orgánicas, metales y metaloides, etc.) y microorganismos (bacterias, virus, parásitos, etc.) de todo tipo de aguas residuales [1-5].

Los humedales construidos se clasifican teniendo en cuenta el régimen de flujo de agua que transcurre a través de su lecho. De esta manera, pueden encontrarse humedales construidos de flujo superficial o humedales construidos de flujo subsuperficial. Estos últimos pueden ser divididos en humedales construidos de flujo subsuperficial horizontal o humedales construidos de flujo subsuperficial vertical. A los sistemas que utilizan dos o más tipos de humedales construidos diferentes, para un mismo tratamiento, se les denomina humedales construidos de tipo híbrido [4].

Los humedales construidos de flujo subsuperficial horizontal son el tipo de humedales construidos más utilizado en España. Sin embargo, presentan limitaciones en cuanto a la eliminación de algunos contaminantes como el nitrógeno, la materia orgánica o el fósforo. Este hecho se debe principalmente a que los humedales construidos de flujo subsuperficial horizontal se consideran sistemas anóxicos y una cantidad insuficiente de oxígeno disuelto en el agua puede disminuir la eliminación de nitrógeno o de materia orgánica. También porque los materiales de relleno tradicionales no son lo suficientemente adecuados para reducir el fósforo, ya que carecen de suficientes iones de Ca, Mg, Fe o Al. En este sentido, algunas soluciones como la aireación del lecho y la aireación de las aguas residuales influentes, para complementar los procesos de aireación natural, y varios materiales de relleno como escorias de alto horno o opoka calentado (material natural del sureste de Polonia compuesto por 50 % de $CaCO_3$, 40 % de SiO_2 y, 10 % de Al, Fe y otros óxidos), para mejorar las propiedades de adsorción en lecho, han sido propuestas recientemente. Los humedales construidos de flujo subsuperficial horizontal también presentan limitaciones de terreno ya que necesitan una mayor superficie para alcanzar los mismos rendimientos de eliminación de contaminantes que alcanzan los sistemas convencionales de depuración de aguas residuales [3].

Independientemente de sus limitaciones, la implantación de humedales construidos de flujo subsuperficial horizontal o híbridos podría ser una solución para el tratamiento de las aguas residuales domésticas de las viviendas aisladas sin acceso a colctores municipales de depuración. De hecho, dada la necesidad de un tratamiento adecuado de las aguas residuales domésticas que generan dichas viviendas, la propia lógica nos dice que estas aguas residuales regeneradas deben ser utilizadas para diferentes aplicaciones como riego de cultivos, vertido de baños, riego de zonas verdes o similares. Aunque los humedales construidos están incluidos en la ley de reutilización española [6] como sistemas adecuados para mantener la calidad de las aguas residuales recuperadas durante el almacenamiento, no se consideran sistemas adecuados para el tratamiento secundario o terciario para su posterior reutilización. Por el contrario, las directrices nacionales específicas de otros países como China o México, permiten el uso de aguas residuales municipales tratadas con humedales construidos para riego de cultivos. En España, el único estudio desarrollado en este campo se realizó en "Carrión de los Céspedes" (Sevilla), donde las aguas residuales urbanas fueron tratadas por un sistema de humedales construido tipo híbrido. Los resultados mostraron que los efluentes fueron adecuados para algunas aplicaciones de reutilización [1-4].

1.2. Visado de proyectos

El visado de proyectos es una función pública que se atribuye a los Colegios Profesionales, los cuales garantizan el sometimiento al Derecho Administrativo. En este sentido, el visado está regulado por la normativa legal vigente. El visado es imprescindible para que el ejercicio de los trabajos profesionales goce de calidad, garantía y seguridad. Es una función esecial ya que aporta un gran valor añadido, contribuye a mejorar la calidad de las actuaciones, posibilita la certificación de las mismas y al asegura la profesionalidad. El seguro asociado al visado aporta seguridad para los clientes y los ciudadanos, así como tranquilidad para el ingeniero cuyo trabajo ha sido visado [7-9].

Los proyectos de visado obligatorio son [9]:

- Cualquier trabajo profesional, no solo el proyecto en si o la dirección de obra.
- Proyecto de ejecución de una edificación dada.
- Certificado de final de obra de edificación de cualquier obra.
- Proyecto de ejecución de edificación y certificado final de obra que, en su caso, deban ser aportados en los procedimientos administrativos de legalización de las obras de edificación, de acuerdo con la normativa urbanística aplicable.
- Proyecto de demolición de edificaciones que no requiera el uso de explosivos, de acuerdo con lo previsto en la normativa urbanística aplicable.
- También es solicitado para trabajos de otros campos competenciales, tanto por la Administración Pública como por los particulares, para acceder a las ventajas del mismo, en especial, el aseguramiento que, en el Colegio, se deriva del visado.

El visado es un servicio que el Colegio presta a la sociedad, con contenidos múltiples [9]:

- Es un acto autentificador, al contrastar la identidad de quien suscribe y acredita su autencidad mediante su inclusión en el archivo colegial.
- Es un acto legitimador, al acreditar la función que desarrolla el ingeniero, la habilitación de que dispone y la competencia en la materia.
- Es un acto de control, al acreditar que la actuación visada cumple como mínimo la normativa al efecto, tanto la legal como la colegial.
- Es un acto asegurador, ya que en el Colegio comporta el aseguramiento de la responsabilidad civil de la actuación.

El proceso que sigue el trámite de visado de proyectos suele ser el siguiente [10]:

- Recepción del trabajo en el Colegio.
    - Comprobación de que el colegiado firmante se encuentra en pleno uso de sus facultades.

- Registro y asignación de número de entrada.

- Autorización del visado y cálculo de los derechos colegiales según baremo orientativo.
- Comunicación del visado.
    - Al colegiado: Gestión de cobro de honorarios por su parte.
    - Al cliente: Gestión de cobro de honorarios por parte del colegio.
- Rechazo del visado.
- Comunicación al colegiado de las deficiencias observadas para que proceda a su corrección.

Los casos de denegación de visado normalmente se producen cuando concurren algunas de las circunstancias siguientes:

- El autor no figura como colegiado, se encuentra sometido a alguna causa de compatibilidad o está sujeto a una sanción disciplinar que lo impida.
- Cuando el trabajo no cumpla los requisitos de tipo formal exigibles a trabajo profesional en cuestión.
- Cuando el trabajo infrinja el ordenamiento jurídico.

Cabe destacar que no es causa de denegación la situación, o del cliente o del colegiado, de obligaciones pendientes de pago y que dicha negación es susceptible de incoar recursos en vía administrativa y jurisdiccional.

Con respecto a quién debe ejercitar el visado, queda claro que al revestir las características de un verdadero acto administrativo que debe suministrar las máximas garantías para el colegiado, los interesados y la sociedad, es evidente que debería corresponder a un profesional u órgano con suficientes conocimientos y experiencia para llevar a efecto el análisis y juicio preceptivo. Las instituciones colegiales deberían velar porque esta función fuese realizada por ente adecuado para evitar tardanzas, incorrecciones en la decisión e incluso responsabilidad objetiva de la Administración, ya que en este acto ocupa una función delegada de la misma [10].

2. Proyecto

2.1. Objeto

Como consecuencia de la imposibilidad de acometer la vivienda unifamiliar al servicio de alcantarillado público, el presente proyecto plantea definir un sistema de depuración auxiliar, impermeable y abierto al exterior. El objetivo del sistema es depurar y almacenar agua previamente tratada con el triple propósito de servir de almacenamiento temporal hasta su transporte, disminuir el volumen a transportar mediante evaporación y evapotranspiración y servir de tratamiento de reducción de parámetros contaminantes mediante la fitodepuración. Se describen también el resto de elementos que contiene el sistema.

Datos previos

Titular/es.

- Titular: D. Propietario.
- DNI: XXXXXXXX-X
- Domicilio: XXXXXXXXXXX.

Emplazamiento

- Vivienda unifamiliar ubicada en el mismo domicilio que el del titular.

Autor del proyecto

- Dña/D.: *Nombre y tutulación.*
- Dirección, teléfono y correo electrónico a efectos de notificaciones: *xxxxxxxx*

2.2. Tipo de sistema, descripciones generales

Bases de funcionamiento del sistema

Depuración

Se integra el sistema de depuración existente que consiste en una depuradora de oxidación total marca Riuvert® modelo EP-480.

Al margen de la depuradora de oxidación total existente, la depuración de aguas residuales domésticas mediante sistemas de fitodepuración se basa en un triple efecto: físico, químico y biológico.

Por un lado, el proceso físico más importante que se produce es el de filtración. Al desplazarse el agua residual a través del sustrato hace que los sólidos en suspensión sean eliminados casi en su totalidad, ya que el gran volumen de sustrato, su alta porosidad y la baja velocidad del agua a su paso por el lecho que contiene el ssustrato, generan un filtrado de muy alta eficacia.

Por otro lado, los procesos químicos y biológicos, que normalmente se generan en cualquier depuradora, continúan teniendo lugar en perfectas condiciones en el interior del sistema, muy favorecidos de nuevo por la enorme superficie interna del sustrato y la estabilidad de la temperatura en su interior. Este tipo de depuradoras generan procesos tanto aeróbicos como anaeróbicos, aunque en muy distinta cantidad dependiendo del tipo de sistema empleado.

Normalmente en el interior del sustrato, excepto en la capa más superficial, se genera una digestión anaeróbica, así como reacciones químicas anóxicas, mientras que en la capa más superficial se generan los procesos oxidativos y de digestión aeróbica. Estos procesos aeróbicos pueden realizarse en el interior del sustrato mediante sistemas de aireación artificial forzada. No obstante, este tipo de sistemas solamente se utilizan, en la práctica, en la puesta en marcha depuradoras que funcionen como tratamiento exclusivo, ya que las burbujas y vibraciones favorecen la colmatación del terreno y la creación de canales ascendentes de aire y agua preferentes que empeoran la eficacia de filtración. Por lo tanto, se emplea exclusivamente hasta que el desarrollo de las plantas es suficiente para realizar completamente su función.

En los sistemas con flujo superficial aumenta la función aeróbica del proceso, ya que la dilución del oxígeno en el agua y la movilidad de ésta facilita su difusión, a la vez que la cuantidad de oxígeno disuelto se ve muy aumentada por la presencia de las algas en el agua.

Adicionalmente estos sistemas permiten la oxigenación mecánica ya que la aireación del agua superficial en cualquiera de sus variantes no tiene los inconvenientes que presenta la del sustrato. El porcentaje de oxígeno disuelto se reduce cuando aumenta la profundidad del agua y aumenta la temperatura. A partir de 60 cm de profundidad el aporte de oxígeno suele depender de la presencia de algas y es muy variable, dependiendo principalmente de la radiación solar instantánea, por lo que pueden generarse ciclos aerobios-anaerobios.

Por otro lado, la fitodepuración presenta como ventaja, frente al resto de depuradoras, que las plantas fijan gran cantidad de elementos contaminantes en su estructura, incorporándolos a su metabolismo. Este efecto es muy acusado en el caso del nitrógeno y el fósforo, que se encuentran en las aguas residuales en cantidades excesivas bajo diversas formas (amonio, nitratos, nitritos, fosfatos...), lo que los convierte en contaminantes. Para la vegetación de la depuradora estos elementos se comportan como nutrientes en lugar de comportarse como contaminantes. También se da un efecto similar en un buen número de otros elementos que son contaminantes si se infiltran en el subsuelo y que sin embargo son nutrientes para la vegetación, incluso los más raros como lo son los metales pesados.

La mayor parte de los contaminantes de las aguas residuales domésticas corresponden a vertidos fisiológicos humanos que provienen de la alimentación. Los seres vivos que generan la entrada de elementos químicos inertes en la cadena trófica son las plantas y los microorganismos, por lo que prácticamente todos los elementos que comemos provienen directa o indirectamente de estos seres vivos. Los microorganismos se encuentran en todos los tipos de depuradoras biológicas. La diferencia sustancial de la fitodepuración consiste en que esta última incorpora también las plantas, con lo que consigue mejorar sustancialmente su eficacia.

Reducción del residuo

Las aguas residuales están formadas por dos fracciones funcionalmente distintas: por un lado, el residuo seco (sólidos decantables y sólidos en suspensión o disueltos) y por otro lado el agua, que no es un contaminante, pero que sirve de medio de transporte al actuar como disolvente.

El agua es el mayor componente del agua residual y el principal problema a la hora de su gestión en puntos aislados de la red de transporte canalizado, ya que aumenta el volumen y el peso del residuo dificultando (y encareciendo) sustancialmente su transporte a los grandes sistemas de depuración centralizados y altamente eficientes. La reducción e incluso la eliminación completa del agua aporta un gran beneficio tanto energético como económico, ya que permite la reducción de los costes medioambientales y económicos del transporte.

La eliminación del agua se realiza por dos efectos simultáneos, por un lado, la evaporación directa al aire debida a la presión parcial de evaporación del agua y por otro lado la transpiración a través de las plantas, principalmente desde su sistema foliar. La suma de estos dos efectos es lo que constituye la evapotranspiración.

La evaporación al aire se produce tanto en sistemas con flujo superficial por contacto directo lámina de agua-aire como en sistemas de flujo subsuperficial. En este último caso la evaporación del aguan es mucho menor que en el primero, realizándose en la capa superficial del terreno, hasta donde asciende por capilaridad. Por ello, la componente de evaporación directa es menor.

La transpiración la realizan las plantas principalmente en las hojas, y la cantidad transpirada es función de distintos parámetros como la especie vegetal, la cantidad de plantas, sus estados de crecimiento y sanitario, la humedad del suelo y las condiciones de irradiación solar y la temperatura del entorno.

Tipos de vegetación

Los tipos de vegetación posibles son muy diversos. Se emplean plantas acuáticas o macrófitas (llamadas también plantas hidrofíticas o hidrófitas o plantas hidrofilaceas o higrófitas). Se incluyen especies leñosas de ribera como sauces, chopos o álamos, hasta hierbas de rápido crecimiento en sistemas subsuperficiales de baja humedad. También pueden coexistir todo tipo de plantas de humedal para sistemas subsuperficales de alta humedad o mixtos, e incluso acuáticas y algas en los sistemas de flujo permanentemente superficial.

Las especies más recomendables son aquellas de muy rápido crecimiento y gran voracidad de nutrientes (de la velocidad de crecimiento depende la velocidad en la captación de nutrientes-contaminantes), con una alta tasa de transpiración (de esto depende la reducción del volumen de residuo). Este tipo de plantas son, por lo general, plantas de humedal o hidrófitas. Esto hace especialmente útiles las plantas de humedal y sobre todo aquellas que pueden vivir tanto parcialmente sumergidas como en suelos húmedos sin aguas superficiales.

La raíz de la planta dependerá de la presencia de láminas impermeables y de la profundidad del sustrato. Por lo general, para los sistemas impermeables se buscan plantas que no presenten raíz invasiva o dura, siendo la vegetación más apta la que presente una raíz fasciculada.

Un listado, aunque no exhaustivo, de plantas aptas para los medios de elevada humedad y nutrientes incluye las siguientes:

Nombre Científico	**Nombre Común**
Phragmites australis	Carrizo
Typha latifolia	Enea
Typha angustifolia L.	Enea
T. domingensis (Pers.) Steude	Enea
Lemna spp.	Lenteja de agua
Scirpuslacustris L.	Junco de laguna
S. holoschoenus L.	Junco de bolas
Scirpus validusVah.	Junco gigante
Eichhcornia crassipes	Martius
Solms	Jacinto de agua

Tipos de sistemas de reducción de residuo

Existen muy diversos tipos de sistemas basados en evapotranspiración y fitodepuración, que pueden clasificarse en función de distintos parámetros tales como:

- Dirección neta de desplazamiento del flujo (horizontal, vertical o mixto).
- Tipo de vegetación (acuática, de humedal, leñosa, herbácea).
- Presencia/ausencia lámina de agua (subsuperficial, superficial, lagunaje, mixtos).
- Relación entre la evaporación y la transpiración (transpiración pura, evapotranspiración o evaporación pura).
- Tipo de sustrato (gravas, arenas, turbas, puzolanas, medios sintéticos).
- Características de los sistemas envolventes (impermeables, semipermeables permeables).

Sistema elegido

El sistema elegido es un sistema de reducción y almacenamiento temporal del residuo, que puede definirse como un sistema de fitodepuración y evapotranspiración impermeable, estático, de flujo horizontal subsuperficial y superficial, con vegetación de humedal y sustrato de gravas, arenas, turbas y tierras. La bibliografía científica lo define como humedal artificial o humedal construido tipo híbrido [1-3].

Se ha elegido este sistema dada la reducida cantidad de residuo a tratar ya que presenta una relación de coste-efectividad muy buena.

En relación con otros sistemas de depuración, los humedales construidos tienen las ventajas de:

- Bajo coste.
- Mantenimiento sencillo.
- Eficacia y adaptabilidad en su capacidad depuradora.
- Bajo impacto visual de las instalaciones.

Si bien es cierto que son aptos para contaminación principalmente orgánica, no es menos cierto que esa es la característica principal del agua residual doméstica y urbana. Por lo que los humedales artificiales o construidos están considerados como especialmente apropiados para el tratamiento de aguas residuales de viviendas aisladas y pequeñas poblaciones.

Funcionamiento del sistema

El sistema está compuesto de una parte inicial por el tratamiento realizado en la depuradora de oxidación total. A continuación, se encuentra una zona de fitodepuración y evapotranspiración con vegetación variable de flujo subsuperficial seguido de un lagunaje de flujo superficial que actúa como depósito de almacenamiento, evaporación y evapotranspiración también con vegetación variable.

Depuración convencional (Oxidación total)

Previa a la actuación existía, y se mantiene, una depuradora de oxidación total de alto rendimiento con reducción de parámetros contaminantes mediante bacterias aerobias. El aporte de oxígeno es realizado mecánicamente mediante soplante y difusores de gota fina. El rendimiento de la depuración según norma EN-12566-3 [11] es:

Parámetro	% de Reducción
DBO_5	90
DQO	85
Sólidos en Suspensión	90

Fitodepuración. Humedal construido de flujo subsuperficial horizontal

En la zona de fitodepuración se producen los procesos de filtrado, oxidación, nitrificación, evapotranspiración, evaporación (en menor medida) y digestión iniciados en la depuradora, reduciendo cada vez más la cantidad de contaminantes-nutrientes en el agua. En zonas anóxicas bajo sustrato y sin contacto reticular se producen los procesos de desnitrificación mientras que en las zonas próximas a las raíces o la superficie del humedal se producen los procesos nitrificantes. Estará poblada de plantas que realizan funciones de fitodepuración fijando nutrientes (nitratos y fosfatos), metales pesados y micronutrientes. Cabe destacar que serán necesarios dos periodos o ciclos de crecimiento para lograr una penetración total de las raíces, de plantas tipo carrizo, por todo el lecho del humedal subsuperficial.

Evaporación. Lagunaje. Humedal construido de flujo superficial

La sección del humedal construido de flujo superficial o lagunaje tiene como misión principal la reducción del residuo mediante evaporación natural y evapotranspiración, por lo que estará poblada de plantas. También realiza funciones de fitodepuración por la fijación de nutrientes (nitratos y fosfatos) por parte de la vegetación y por la digestión de los microorganismos de la laguna. No obstante, sigue existiendo valores importantes de DBO_5 y DQO, que incluso puede aumentar. Su origen es completamente distinto ya que corresponde a la materia orgánica generada por los seres vivos del propio estanque, por lo que no es de procedencia residual. El agua en la laguna se almacena al mismo tiempo que se evapora y continúa de forma natural su proceso de depuración.

La presencia de agua superficial en esta instalación es un elemento normal en la misma. Al tratarse de una laguna aerobia (se consideran como tales las que tienen entre 0,3 y 0,6 m de profundidad) se producen los siguientes procesos de depuración:

- Eliminación de patógenos a través de las siguientes condiciones hostiles:

- Radiación solar, principalmente la ultravioleta.
- Temperatura, normalmente no adecuada para patógenos intestinales.
- La sedimentación que envía los patógenos al fondo donde son devorados por bacterias y protozoos.
- El oxígeno disuelto, ya que la mayor parte de patógenos son bacterias que viven en condiciones de anaerobiosis.
- Los compuestos tóxicos (para los patógenos) segregados por las algas.
- La presencia de depredadores.

- Nitrificación del nitrógeno amoniacal a través de bacterias nitrificantes.
- Reducción de nutrientes ya que son asimilados por el fitoplancton y las algas, así como su precipitación química.
- Clarificación por la sedimentación de las algas, por la presencia de depredadores de algas, tales como la pulga de agua (*Daphnia pulex*), y por el empobrecimiento del agua en nutrientes que impide el crecimiento de nuevos microorganismos.
- Oxigenación del agua, tanto por difusión del oxígeno atmosférico de día y de noche como por algas durante el día.

Características de los equipos de depuración

Depuradora de oxidación total

Marca	Riuvert
Modelo	EP-480
Tecnología	Fango activo en suspensión con recirculación de fangos y clarificador
Capacidad de tratamiento	480 L/día
Inyección de oxígeno	Soplante.
Volumen de agua	2300 L.
Peso en vacío	140 kg.
Material	Polietileno.
Dimensiones (LxAxH)	2400x1200x1880 mm.
Ø de entrada y salida	110 mm.
Consumo eléctrico estimado	0,8 kWd
Vaciado de sólido no tratado	3 años aprox.
Mantenimiento preventivo	anual
Bocas de hombre	2 Ø 600 mm
Sistema compuesto de	• Pretratamiento con retención • Reactor biológico • Decantación • Recirculación de fangos
Rendimientos de depuración	• DBO_5 70-90 % • DQO 80-85 % • Sólidos en suspensión 70-90%
Unidad de control	• Cuadro eléctrico IP54 de pie • Diferencial • Seguro de motor • Enchufe • 2 electroválvulas y 2 testigos • Funcionamiento y alarma • Bomba soplante 60 W-32 dB • PLC
Dimensiones (LxAxH)	487 x 256 x 647 + 500 mm a enterrar

Bombas de recirculación

Se emplean como elemento de trasvase controlado y recirculación tanto por motivos funcionales de mejora de rendimiento de filtración como simplemente estéticos. Sus características son las siguientes:

Bomba de recirculación	
Marca	Espa
Modelo	Vigilex 3000/600
Tipo	Sumergible con boya incorporada
Tecnología	Bomba centrífuga monoetapa
Caudal máximo	15 m^3/h
Potencia del motor	0,5 – 0,6 kW

Implicaciones sanitarias

Debido a los procesos de eliminación de patógenos indicados anteriormente los riesgos sanitarios son muy bajos, máxime cuando el sistema desarrollado es un sistema de reducción del residuo, ya que se cuenta con una depuradora de oxidación total previa al sistema de depuración.

Adicionalmente, al ser la entrada del flujo de agua y su reparto subsuperficial, el filtrado de bacterias, virus y otros patógenos por parte del sustrato es muy eficaz.

No obstante, por precaución y al tratarse de agua estancada y dado su origen residual, no se puede garantizar apta para uso alguno sin tratamientos previos apropiados, por lo que no debe de usarse para el crecimiento de plantas destinadas a consumo humano ni debe dispersarse como vertido y, por supuesto, no es apta para el baño u otros usos lúdicos.

Pueden emplearse sistemas de desinfección tales como aplicación directa de desinfectantes manual o automáticamente, tanto mediante dosificadores como mediante boyas flotantes. Aunque esto perjudica el funcionamiento del sistema ya que dependiendo de su tipo y concentración puede ser más o menos perjudicial para las plantas y demás organismos que favorecen una mayor depuración del agua. Por esta razón, no se recomienda a menos que sea imprescindible y siempre con moderación. También se contempla la posibilidad de utilizar irradiadores ultravioleta, filtros físicos o equipos de producción de ozono.

Sí se considera conveniente realizar de dos a cuatro análisis micrbiológicos al año para detectar la posible proliferación de patógenos y actuar en consecuencia.

El agua no presenta más riesgo sanitario ni de plagas que cualquier otro depósito de agua a la intemperie (entiéndase balsa de riego o similar). No obstante, en prevención a la proliferación de mosquitos en la zona de lagunaje, se recomienda que se mantenga fauna piscícola en la misma con un nivel de agua suficiente para su supervivencia. En caso de optar por el secado natural del lagunaje en verano se recomienda el empleo de sistemas de lucha biológica específica, como puede ser el *Bacillus thuringienis serovar Israelensis* (Bti).

No obstante, el método más seguro y el recomendado para eliminar el riesgo sanitario es la separación física que impida que las personas puedan entrar en contacto accidental con el agua y el suelo de la fitodepuración. Se colocarán carteles avisadores en las posibles vías de acceso a la instalación con la siguiente leyenda: "agua no apta para uso humano, no tocar" y se recomienda la instalación de un cercado alrededor de la balsa que impida el acercarse a niños y/o animales domésticos en caso de que exista ese riesgo.

2.3. Datos del terreno

Características del terreno

Las características del terreno no son sustanciales, debido al tipo de instalación empleada.

El sistema emplea membranas de impermeabilización poliméricas (geomembranas) de gran flexibilidad, por lo que pequeños asentamientos del terreno no generan riesgo de rotura al no emplearse las membranas como elemento con capacidad portante.

No se realiza el almacenamiento en altura pudiendo quedar, exclusivamente por encima de la cota de terreno, pequeños márgenes de gran anchura en relación con su altura que funcionan por gravedad.

En caso de realizarse la instalación en terrenos arenosos con nula cohesión (arena seca) los ángulos deben modificarse, pudiendo llegar a ser de 30 º, a partir de los cuales se consigue la estabilidad intrínseca para cualquier tipo de terreno.

Las características del suelo encontradas en la bibliografía son las siguientes:

	Arena (%)	**Limo (%)**	**Arcilla (%)**
Suelo	78	13	9

El terreno está compuesto por tierras calizas ligeramente arcillosas, de cohesión media, por lo que el ángulo empleado (45 °) asegura muy sobradamente la estabilidad a corto plazo, durante el periodo de ejecución. Una vez ejecutada la instalación los materiales contenidos en la zanja aseguran que los posibles movimientos no tendrán entidad suficiente para afectar la capacidad resistente de la membrana de impermeabilización ni la funcionalidad de la instalación.

Riesgos de escorrentía superficial

Se ha comprobado que la instalación no se sitúa en una zona donde pueda recibir aportes de agua por escorrentía superficial en caso de precipitaciones no catastróficas.

Para evitar la recogida de aguas adyacentes, el borde del sistema se encuentra al menos a 15 cm de altura sobre el terreno próximo.

2.3.1. Reglamentación y normas técnicas consideradas

Depuradoras prefabricadas

- EN-12566-3. Pequeñas instalaciones de depuración de aguas residuales para poblaciones de hasta 50 habitantes equivalentes. Parte 3: Plantas de depuración de aguas residuales domésticas prefabricadas y/o montadas en su destino.

Láminas de PVC y LPDE

- UNE- EN 13361. Barreras geosintéticas para su utilización en la construcción de embales y presas.
- UNE- EN 13362. Barreras geosintéticas para su utilización en la construcción de canales.

Geotextiles

- UNE EN 13265: Requisitos para el uso de geotextiles en proyectos de contenedores de residuos líquidos.
- UNE EN 13255: Requisitos para el uso de geotextiles en la construcción de canales.
- UNE EN 13254: Requisitos para el uso de geotextiles en la construcción de embalses y presas.

2.3.2. Sistema de impermeabilización

Capas

El sistema de impermeabilización consta de tres a cuatro capas:

- Geotextil de protección de 500 g/m^2.

- Lámina de Polietileno de baja densidad (LPDE) con 200 micras de espesor que actúa de doble pared para la detección de eventuales fugas.
- Lámina de PVC de 1,5 mm de espesor que actúa como impermeabilización principal.
- Geotextil de 500 g/m^2 en las zonas donde se colocan grava o bolos.

En el caso del humedal construido de flujo superficial o laguna se utilizará una protección pesada a base de mortero pobre y bolo de río como revestimiento.

Características de membranas

Geotextil

Se emplea como elemento de protección un geotextil no tejido formado por fibras cortadas de poliéster reciclado 100 %, unido mecánicamente por un proceso de agujeteado. La densidad de la manta geotextil es de 500 g/m^2 y sus características físicas son:

Propiedades físicas	Valor	Unidad	Norma
Masa media	500(+10%-15%)	g/m^2	UNE EN ISO 9864
Espesor a 2kPa	3,8 ± 0,2	mm	UNE EN 964
Resistencia a la tracción longitudinal	9,0 -1,0	KN/m	UNE EN ISO 10319
Resistencia a la tracción transversal	9,0 -1,0	KN/m	UNE EN ISO 10319
Elongación longitudinal a la rotura	90 ± 30	%	UNE EN ISO 10319
Elongación transversal a la rotura	80 ± 30	%	UNE EN ISO 10319
Punzonamiento estático (CBR)	1,7 -0,3	kN	UNE EN ISO 12236
Perforación dinámica (caída cono)	3 + 2	mm	UNE EN 918
Permeabilidad al agua	0,02371 -0,005	m/s	UNE EN ISO 11058
Capacidad flujo de agua en el plano	$6{,}78 \cdot 10^{-6}$ $-0{,}1 \cdot 10^{-7}$	m^2/s	UNE EN ISO 12958
Medida de abertura	80 ± 20	μm	UNE EN ISO 12956
Eficacia de la protección	$19{,}0 \cdot 10^{3}$-$0{,}3 \cdot 10^{3}$	KN/m^2	UNE EN 13719

Según ensayos expuestos en la consecución del marcado CE, este producto tiene una durabilidad mínima de 25 años, cubierto e instalado en suelos con un pH entre 4 y 9 a una temperatura de suelo < 25 °C.

Lámina de LPDE

Se emplea como elemento de detección de fugas una lámina de polietileno de baja densidad de 200 μm de espesor colocada entre las membranas geotextil y PVC.

Características	**Unidades**	**Valor Nominal**	**Tolerancia**
Material	Polietileno de baja densidad (LPDE) galga 600		
Color		negro	
Ancho	mm	4000	±1,5%
Ancho bobina (ancho total plegado)	m	1,2	-
Largo	m	150	-
Superficie	m^2	384	-
Espesor	μm	200	±5%
Densidad	g/m^2	0,928	-
Alargamiento al punto de rotura longitudinal	%	490	-
Alargamiento al punto de rotura transversal	%	620	-
Impacto de dardo	g	619	-
Resistencia a tracción al punto de rotura longitudinal	MPa	22	-
Resistencia a tracción al punto de rotura transversal	MPa	20	-
Resistencia al rasgado longitudinal	cN	417	-
Resistencia al rasgado transversal	cN	762	-

Membrana de PVC

Se emplea como elemento de impermeabilización principal una lámina de PVC de 1,5 mm de espesor y sus características son las siguientes:

Características	Valor Declarado	Unidades	Norma
Comportamiento frente a un fuego externo	B(roof)t3	-	EN 13501-5
Reacción al fuego	E	-	EN 13501-1
Alargamiento a la rotura longitudinal	> 25	%	EN 12311-2 (A)
Alargamiento a la rotura transversal	> 25	%	EN 12311-2 (A)
Resistencia al desgarro longitudinal	> 250	N	EN 12310-2
Resistencia al desgarro transversal	> 250	N	EN 12310-2
Resistencia de los solapes (Pelado del solape)	> 250	N/50mm	EN 12316-2
Resistencia de los solapes (Cizallamiento solapes)	> 950	N/50mm	EN 12317-2
Resistencia al impacto	> 700	mm	EN 12691
Resistencia a la carga estática	> 55	Kg	EN 12730 (B)
Plegabilidad a baja temperatura	< -30	ºC	EN 495-5
Resistencia a la penetración de raíces	Pasa	Pasa/No Pasa	EN 13948
Factor de resistencia a la humedad	20.000 ± 30%	$(m^2 \cdot s \cdot Pa)/Kg$	EN 1931
Estanquidad	Pasa	Pasa/No Pasa	EN 1928 (B)

Características	Valor Declarado	Unidades	Norma
Masa por unidad de superficie	2,0 (-5%, 10 %)	kg/m^2	UNE-EN1849-2
Perdida de plastificantes (perdida masa 30 días)	≤ 4,5	%	UNE-ENISO177
Estabilidad dimensional longitudinal y transversal	< 0,3	%	EN 1107-2
Rectitud	< 50	mm	EN 1848-2
Planeidad	< 10	mm	EN 1848-2
Defectos visibles	Pasa	Pasa/No Pasa	EN 1850-2
Longitud	15	m	EN 1848-2
Anchura	178	cm	EN 1848-2
Espesor mínimo nominal	1,5 (-5%; +10 %)	mm	EN 1849-2
Masa	2,0 (-5%; +10 %)	kg/m^2	EN 1849-2
Estabilidad dimensional longitudinal y transversal	< 0,3	%	EN 1849-2
Pérdida de plástificantes (variación masa 30 días)	< 4,5	%	EN ISO 177
Resistencia al punzonamiento estático	> 1200	N	UNE 104416(B)

Sistema de comprobación de fugas

En el ínter-espacio entre la lámina de PVC y de polietileno de baja densidad se ubica un tubo buzo de 50 mm de diámetro para detectar la posible presencia de líquido entre ambas membranas.

En caso de detectarse líquido éste puede provenir tanto del interior del depósito como del exterior del mismo mediante lluvias o infiltración intersticial por capilaridad. Para confirmar que se trata de una fuga será necesario eliminar el agua en el mismo (en una situación de terreno no saturado de humedad) y confirmar si vuelve a observarse agua en el tubo buzo cuando hayan transcurrido unos días sin lluvias ni saturación del terreno por aportes externos de agua.

Este sistema puede detectar cierto tipo de fugas que pueden producirse por manipulación inadecuada de la lámina o labores de mantenimiento incorrectas, de manera rápida y sencilla.

Para detectar todo tipo de fugas es necesario utilizar otros sistemas, tales como el corte de las plantas de manera que no llegue a haber vegetación en contacto con el aire durante la duración de la prueba y el empleo de lisímetro para confirmar que no existen otras pérdidas que las de evaporación; o cierre estanco del depósito para evitar la evaporación y control del nivel, etc...

2.3.3. Control de niveles y vaciado

Control de niveles

El control de los niveles se realiza por la diferencia de cota entre el agua y el punto de rebose. Para facilitar la comprensión se ubica un poste marcado que indica los niveles máximos.

Calibrado

Para el calibrado inicial:

- Se marca la cota de nivel máximo.
- 15 centímetros más abajo se ubica el punto de vaciado obligatorio.
- Y una marca adicional 5 cm más a bajo de vaciado recomendado.

2.3.4. Restricciones en el uso

No se puede excavar ni realizar plantación en el interior del depósito mediante elementos cortantes o punzantes. El uso de elementos de poda sólo se empleará en la superficie vista de la planta y en caso de deterioro de la membrana, ésta se ha de reparar inmediatamente por personal especializado.

No se puede plantar vegetación que presente raíz invasiva o dura, así como ningún tipo de planta leñosa. La vegetación más apta es la de raíz fasciculada.

Se ha de asegurar una separación entre plantas suficiente para que no se realice presión sobre los bordes de la lámina. Para ello, se ha de evitar la vegetación en los primeros 30 cm de terreno más próximos a la lámina impermeable, con excepción de algas o plantas herbáceas de reducida altura y raíz fasciculada.

Deben de evitarse todo tipo de plantas con hojas o tallos puntiagudos y rígidos o con hojas aserradas que puedan ser pinchantes o cortantes, tales como algunos tipos de juncos.

2.3.5. Seguimiento y mantenimiento del sistema depurador

En general, un adecuado nivel de control sobre la vegetación, el flujo hidráulico del humedal y las estructuras que lo conforman (diques, regulador del nivel del efluente y conductos de distribución del agua) hacen de este sistema una forma de depuración natural, efectiva y fácil de mantener.

Se enumeran a continuación una serie de circunstancias que pueden afectar al funcionamiento del humedal, describiendo tanto la causa como las acciones necesarias para prever su aparición o paliar su efecto.

<u>Obturación de los poros de la matriz y colmatación del sustrato</u>

La obturación de poros de forma parcial, o la colmatación total del sustrato, por acumulación de material sólido de la matriz se puede deber a la utilización de un material de relleno inadecuado, con proporción alta en arcillas. Como efectos tendremos un tratamiento ineficaz de las aguas y flujo superficial.

Causas	Medidas de control y correctoras
Afluente con sobrecarga orgánica.	Mantener la carga hidráulica a las características de diseño del humedal.
Acumulación de sólidos en suspensión en la matriz. Baja eficiencia del pretratamiento y del tratamiento primario.	Remplazar el sustrato; según experiencias de aplicación de humedales, se debería realizar en un periodo en torno a 20 años.
Precipitación química y deposición en los poros.	El periodo superaría los 30 años.

<u>Aumento del nivel del agua y formación de flujo superficial</u>

Cuando aumenta el nivel del agua de manera que queda muy cerca de la superficie, incluso aflora y discurre por ésta esto da lugar a una serie de efectos adversos:

- Disminuye la eficiencia del tratamiento de manera que no se alcanzan los valores adecuados a los parámetros de calidad del agua.
- Aparecen malos olores y disminuye el tiempo de retención hidráulica.
- Disminuye la difusión del oxígeno en la zona de radicular de la vegetación.
- Aumenta el riesgo sanitario para las personas.
- Aparición de mosquitos por el agua superficial.

Causas	Medidas de control y correctoras
Colmatación de la matriz.	Dosificar la entrada del agua.
Condiciones meteorológicas adversas.	Deben inspeccionarse diques y estructuras de control de agua de forma regular e inmediatamente después de cualquier anomalía en el flujo.

Nivel de agua demasiado bajo debido a una elevada evapotranspiración

Si el nivel del agua es demasiado bajo puede aparecer clorosis en la vegetación y las raíces se secan.

Causas	Medidas de control y correctoras
Elevada evapotranspiración debido a las altas temperaturas.	Aumentar la dosificación en épocas donde se observa que los niveles de agua son excesivamente bajos.

Implantación, mantenimiento y seguimiento de la vegetación

El tratamiento se basa en gran parte en las actuaciones de la vegetación como ya se ha descrito. Las plantas de los humedales artificiales son hidrófitas, cuyos géneros más comunes son *Typha, Scirpus y Phragmites* (espadañas, juncos y carrizales respectivamente). En la selección de plantas se deben cumplir, al menos, los siguientes requisitos:

- Que sean colonizadoras activas y con un sistema radicular extenso.

- Que proporcionen una cobertura vegetal uniforme.
- Que sean autóctonas de la zona.

Phragmites australis

De los géneros citados anteriormente, la especie *Phragmites australis* (carrizo) es la más empleada en humedales construidos de flujo subsuperficial, gracias a su tolerancia a diferentes condiciones climáticas y su rápido crecimiento. Sus rizomas penetran más que otras especies aumentando su potencial de liberación de oxígeno.

Su expansión se relaciona con el incremento en la contaminación mineral de las aguas (especialmente nitratos), y el aumento de su salinidad. Existen numerosos trabajos de investigación que indican que la tolerancia a distintos parámetros es muy amplia.

La densidad de plantación del *Phragmites australis* se encuentra entre 3,6 y 4 plantas/m^2. Las técnicas fundamentales son siembra, depósito y plantación. La siembra se realiza cuando es fácil conseguir semillas de la especie, ya que nos encontramos ante una planta de crecimiento rápido, con buena germinación y soporta bien la luz en sus primeras fases de desarrollo. En cualquier caso, requiere el control de múltiples factores.

El depósito se realiza cuando se implantan especies libres, transportadas de una zona a otra. La plantación de individuos ya desarrollados es la forma más frecuente de implantación, con la ventaja de que se minimizan las posibles enfermedades y plagas de las primeras fases del desarrollo. Las diversas formas de realizar la plantación de individuos son: por cepellón, rizomas, esquejes, en maceta, etc.

Seguimiento y mantenimiento de la vegetación

- **Crecimiento deficiente de la vegetación durante la puesta en marcha del sistema o baja densidad de la vegetación**. El crecimiento deficiente de la vegetación en la primera etapa del humedal puede traducirse en una disminución de la eficacia del tratamiento, y puede tener diversas causas que lo originen:

Causas	Medidas de control y correctoras
Crecimiento de malas hierbas.	Retirar las malas hierbas.
Nivel inadecuado del agua.	Instalar un regulador del nivel del agua.
Afluente con sobrecarga orgánica.	Disminuir la carga orgánica, lo que se traduce en el buen funcionamiento del tratamiento primario.
Condiciones meteorológicas adversas para el desarrollo normal de este tipo de vegetación.	Replantar hasta conseguir la densidad idónea.

- **Invasión de otro tipo de vegetación.** La vegetación invasora, dentro del sistema depurador, compite con el carrizo por el espacio y los nutrientes, incluso puede dañar la capa impermeabilizante en el caso de establecerse plantas leñosas en los alrededores.

Causas	Medidas de control y correctoras:
Pueden ser transportadas con el propio sustrato y germinar posteriormente con las condiciones adecuadas de temperatura y humedad.	Control visual de la presencia de estas especies.
Mal control de la vegetación circundante.	Retirada manual de las plantas invasoras.

- **Clorosis.** La clorosis se manifiesta como un cambio de color, en las hojas de las *Phragmites australis* desde el verde intenso a tonalidades amarillas causada por falta de clorofila. Comienza por las hojas más jóvenes hasta extenderse por la totalidad de la planta. Ésta provoca una disminución de la eficacia depuradora y de oxigenación, pudiendo provocar también la muerte de la vegetación.

Causas	**Medidas de control y correctoras**
Afluente de baja carga orgánica.	Consultar un especialista.
Falta de nutrientes y micronutrientes.	Aplicar compuestos de hierro.
Rizomas poco desarrollados.	Favorecer el desarrollo de raíces.
Nivel de agua inadecuado.	Regular el flujo de agua de forma adecuada.

2.4. Cálculos

Los factores que condicionarán el diseño del humedal están relacionados tanto con las características del agua residual como con el emplazamiento del mismo. Destacan la topografía del lugar y su climatología (precipitaciones y temperatura):

- Los cálculos de las dimensiones se realizan en función del contaminante limitante, que en la mayoría de casos de viene determinado por la DBO_5. En nuestro caso particular, nos encontramos en una zona vulnerable a nitratos, con lo que los cálculos están centrados en este contaminante, no siendo por ello condición necesaria.
- Los tratamientos previos condicionan en parte el emplazamiento siendo aconsejable que el agua que se dirija desde éstos por gravedad, disminuyendo así necesidades energéticas.

- La actividad microbiológica depende directamente de la temperatura existente en los lugares de vertido. Cuando en el humedal de vertido se mantiene una humedad adecuada, la evaporación produce una refrigeración de los horizontes superiores que hace que no se alcancen temperaturas demasiado elevadas.
- La evapotranspiración es un factor que implica una gran cantidad de pérdida de líquido por esta vía; está relacionada con el aumento de la temperatura, y se toma en cuenta en las relaciones dimensionales del área del humedal.
- Las precipitaciones intensas pueden provocar los siguientes fenómenos:
    - Dilución de las aguas residuales aportadas al humedal artificial.
    - Posibles arrastres por escorrentía superficial.
    - Posible rebosamiento de las instalaciones, con consecuencias negativas por contaminación del entorno, aguas abajo, y de los acuíferos.
- La suficiente previsión; un emplazamiento adecuado y el uso de elementos protectores como diques en torno al sistema pueden evitar estos fenómenos.

Para la realización de los cálculos de dimensiones del humedal construido de flujo subsuperficial horizontal se siguen las recomendaciones de la fueron sugeridos por Reed, Crites [12] en su libro "Natural Systems for Waste Management and Treatment", por considerarlos los más completos. En este documento se recogen las fórmulas empleadas para el cálculo de las dimensiones de humedal construido de flujo subsuperficial (SFS) y el humedal construido de flujo superficial (FWS).

Una vez dimensionado el humedal subsuperficial horizontal para cumplir con los niveles exigidos por la legislación, se dimensiona la laguna de almacenamiento (humedal FWS) del agua procedente del humedal donde se va a producir la evaporación, la evapotranspiración y también fitodepuración y depuración natural.

2.4.1. Características del efluente

Características físico-químicas

El efluente proviene de aguas de uso doméstico después de su paso por una depuradora de tipo aerobio u oxidación total actuando a modo de decantador primario. El efluente se encontrará en una fase inicial de depuración. Los análisis de aguas han sido realizados por un laboratorio especializado con todas las acreditaciones.

Componente	Unidades	Medida 1	Medida 2	Límite legal
Nitrógeno total	mg/L	140	120	10
Amonio	mg/L	131,2	116	
Nítratos	mg/L	2,8	2,0	
DBO_5	mgO_2/L	521,6	320,2	25
DQO	mgO_2/L	1112	549	125
Detergentes aniónicos	mg/L	4,36	6,96	
pH		7,21	7,09	
Sólidos en suspensión	mg/L	170	190	20-60
Aceites y grasas	mg/L	116,6	95,9	

En el efluente casi todo el nitrógeno se encuentra como ión amonio. Para la realización de lo cálculos se hace la suposición de que todo el nitrógeno (nitrógeno total) se oxidará a ion nitrato, refiriendo los cálculos a la eliminación de este parámetro.

La ubicación del sistema depurador puede estar en una zona catalogada como vulnerable a nitratos o sensible y debe ser contemplado.

Datos de partida

Población	4 habitantes
Caudal medio	0,27 m^3/d
Vegetación	Carrizo
Profundidad del humedal subsuperficial	0,6 m
Medio: grava media de 25 mm	0,38
DBO_5 entrada	400 mgO_2/L
DBO_5 salida	25 mgO_2/L
SST entrada	180 mg/L
SST salida	60-20 mg/L
Nitrógeno total entrada	140 mg/L
Nitrógeno total Salida	10 mg/L
T^a_M más baja en Invierno	3,0 ºC
Tª media en invierno	11,5 ºC
Tª más baja de muestreo	15,7 ºC

La T^a_M crítica en invierno se ha obtenido de los datos de la estación meteorológica del aeropuerto de Alicante y es la temperatura media de las temperaturas mínimas más bajas en el periodo de tiempo 1967-2013. Las T_M máxima y T_M mínima son de la estación meteorológica más cercana.

Mes	T_M	T_M **máxima**	T_M **mínima**
Enero	11,5	16,8	6,2
Febrero	12,4	17,8	7,0
Marzo	13,7	19,2	8,2
Abril	15,5	20,9	10,1
Mayo	18,4	23,6	13,3
Junio	22,2	27,2	17,1
Julio	24,9	30,1	19,7
Agosto	25,5	30,6	20,4
Septiembre	23,1	28,4	17,8
Octubre	19,1	24,4	13,7
Noviembre	15,2	20,4	10,0
Diciembre	12,5	17,6	7,3
Año	17,8	23,1	12,6

Los datos para el material de relleno, que en nuestro caso es grava media de 25 mm, se pueden obtener directamente de la bibliografía científica:

Tipo de material	Tamaño efectivo D_{10} (mm)	Porosidad n, (%)	Conductividad hidráulica K_s ($m^3/m^2 \cdot d$)
Arena gruesa	2	28-32	100-1000
Arena gravosa	8	30-35	500-5000
Grava fina	13	35-38	1000-10000
Grava media	32	36-40	10000-50000
Roca gruesa	128	38-45	50000-250000

Las plantas depuradoras elegidas para la creación del humedal son *Phragmites australis* cuya penetración de las raíces es mayor de 60 cm. Una profundidad del humedal igual a 60 cm será la óptima para que el desarrollo reticular llegue al fondo y así impedir zonas del lecho sin cubrir y posibles caminos preferentes del efluente.

Tipo de Planta	Penetración de las raíces (cm)
Scyrpus	76
Phragmites	> 60
Typha	30

Calculo del área necesaria del humedal de flujo subsuperficial para que el efluente cumpla con la legislación

Para un dimensionamiento destinado a la determinación del nitrógeno total se puede utilizar la expresión descrita a continuación:

$$A_S = \frac{Q \cdot (\ln C_0 - \ln C_e)}{K_t \cdot d \cdot n}$$

- C_e: Concentración de amoniaco en el efluente, (mg/L).
- C_o: Concentración de amoniaco en el afluente, (mg/L).
- K_T: Constante dependiente de la temperatura, (d^{-1}).
- A_s: Área superficial del humedal, (m^2).
- n: Porosidad del humedal, (0,38).
- d: Profundidad del agua en el humedal, (m).
- Q: Caudal promedio del humedal, (m^3/d).

Es asumida como temperatura de entrada del agua al humedal de 10,5 ºC. Para el caso del nitrógeno, la constante de temperatura viene definida por:

$$K_t = K_{NH} \cdot (1{,}048)^{(T-20)}$$

Donde K_{NH} es la constante de nitrificación. Suponiendo un 100% de penetración de las raíces K_{NH} toma el valor de 0,4007. Para humedales sin vegetación, esta constante posee el valor de 0,01854. Una vez definida la constante K_{NH} se determina la eliminación del nitrógeno total (suponiendo que todo el nitrógeno es amonio), vía nitrificación, en un humedal HF, utilizando las ecuaciones anteriores:

$$K_{10,5} = 0{,}4007 \cdot (1{,}048)^{(10{,}5-20)} = 0{,}256 d^{-1}$$

$$A_s = \frac{0{,}2723 \cdot (\ln 140 - \ln 10)}{(0{,}256) \cdot (0{,}6) \cdot (0{,}38)} = 12{,}3 m^2$$

Cálculo del tiempo de retención hidráulica (TRH) dentro del humedal SFS

$$TRH = \frac{A_s \cdot d \cdot n}{Q} = \frac{(12{,}3) \cdot (0{,}6) \cdot (0{,}38)}{0{,}2723} = 10{,}29 d$$

Calculo del contenido en nitrato en el efluente para comprobar resultados

Para comprobar los resultados obtenidos, se realizó el cálculo de nitrato restante en el efluente mediante la expresión:

$$\frac{C_e}{C_0} = e^{(-K_t \cdot T)}$$

Donde:

- C_e: Concentración de nitrato en el efluente, (mg/L).
- C_o: Concentración de amoniaco en el afluente, (mg/L).
- K_T: Constante dependiente de la temperatura, para el nitrato vale 1, (d^{-1}).
- T: Tiempo de retención hídrico.

El contenido para los nitratos en el humedal HF serán los 140 mg/L que entran al sistema menos los 10 mg/L que salen del humedal, haciendo un total de 130 mg/L.

$$\frac{C_e}{130} = e^{(-1 \cdot 10.29))} = 4{,}41 \cdot 10^{-3}$$

El nitrógeno total en el efluente serán los 10 mg/L supuestos más el residual calculado ($4{,}41.10^{-3}$), resultando un total de 10,004 mg/L y demostrando así un correcto diseño.

Relación largo - ancho en el humedal SFS

La relación largo/ancho debe encontrarse entre 3:1 y 10:1, dependiendo de las cargas a tratar, contaminantes que se desean eliminar y del tipo de flujo desde el punto de vista costo eficiencia. La superficie del lecho debe ser llana y el fondo se recomienda que tenga una pendiente no mayor del 3% que permita que el residual fluya a través del substrato venciendo las fuerzas de fricción del medio.

$$L = 3 \cdot W \quad A_s = L \cdot W \quad W = \sqrt{\frac{A_s}{3}}$$

Tenemos que para un humedal de área 12,3 m^2 la relación L - W = 3:1 se cumple para las dimensiones de L = **6,07** m y W = **2,02** m.

Cantidad de efluente

El volumen de efluente es considerable, pero se encuentra limitado en función de los consumos de agua de la vivienda.

El volumen de consumo es por tanto conocido por el titular, proporcionando un dato de facturación anual de agua potable de 140 m^3, que para los cálculos supondremos repartido uniformemente a lo largo del año.

Se aplica un factor de efluente del 70 % del agua consumida, ya que parte de la misma se destina a limpieza, parte se evapora, parte se consume y parte se emplea en riego. Por lo tanto, el consumo medio mensual y diario típico será:

Mes	Efluente mensual (m^3)	Efluente diario (m^3)
Enero	8,17	0,272
Febrero	8,17	0,272
Marzo	8,17	0,272
Abril	8,17	0,272
Mayo	8,17	0,272
Junio	8,17	0,272
Julio	8,17	0,272
Agosto	8,17	0,272
Septiembre	8,17	0,272
Octubre	8,17	0,272
Noviembre	8,17	0,272
Diciembre	8,17	0,272

2.4.2. Hidrología

Evapotranspiración potencial y Régimen pluviométrico

Los datos de partida se pueden obtener de la estación metereológica o agroclimática más cercana. La evapotranspiración potencial se calcula mediante el método Penman-Monteith, en el caso de las estaciones agroclimáticas, y mediante lectura de tanques evaporimétricos clase A en el resto.

Mes	Eto Pot (mm/m^2)	Precipitación$_M$ (mm/m^2)
Enero	36,41	20,26
Febrero	49,45	13,85
Marzo	77,10	25,05
Abril	105,70	33,28
Mayo	124,90	18,61
Junio	157,50	9,3
Julio	164,00	1,84
Agosto	149,37	8,16
Septiembre	108,03	43,47
Octubre	71,01	34,26
Noviembre	43,50	32,79
Diciembre	32,75	20,68
Total	1119,7	261,54

2.4.3. Especies vegetales

Plantas empleadas

Se emplearán en la construcción las siguientes especies, todas ellas hidrófitas, aptas para vivir tanto en ambientes con elevada humedad del suelo como con todos o parte (depende de la especie) de sus órganos permanentemente sumergidos.

Ya que durante la vida del humedal éste está en constante evolución y adaptación a las condiciones atmosféricas y de uso cambiante, para la repoblación o readaptación del humedal se pueden emplear especies hidrófitas, teniendo en cuenta el funcionamiento en la época en que se realicen.

La plantación inicial del humedal se realiza con las siguientes plantas:

Plantas fijas

- Papiros (*Cyperus papyrus*).
- Juncos (*Effusus*)
- Jacinto de agua (*Iris pseudacorus*).
- Carrizo (*Phragmites australis*).

Plantas acuáticas

- Nenúfar.
- Lentejas acuáticas (*Salvinia natans*).
- Lechuga acuática (*Pistia stratiotes*)

Plantas de separación y seto perimetral de separación física

- *Juniperus horizontalis Glauca*.
- *Rosmarinus officinalis 'Prostratus'* (Romero rastrero).

Evapotranspiración de cultivo, coeficientes de cultivo

El coeficiente de cultivo determina la diferencia de evapotranspiración de la planta considerada con respecto a la evapotranspiración potencial o de referencia.

$$Eto_{cultivo} = Eto_{potencial} \; x \, Kc$$

Los valores de coeficiente de cultivo para agua libre y algunas plantas hidrófitas se muestran en la siguiente tabla. Como puede observarse, debido a la disponibilidad permanente de agua que tienen estas plantas, el coeficiente de cultivo y por tanto su capacidad de transpiración es superior a la unidad.

Cultivo Humedales en clima templado	Kc_{ini}	Kc_{med}	Kc_{fin}	Altura Máxima Cultivo (h) (m)
Anea (*Typha*), Junco (*Scirpus*), muerte por heladas	0,3	1,20	0,3	2
Anea, Junco, sin heladas	0,6	1,20	0,6	2
Vegetación pequeña, sin heladas	1,05	1,20	1,10	0,3
Carrizo (*Phragmites*), con agua sobre el suelo	1,00	1,20	1,00	1-3
Carrizo, suelo húmedo	0,90	1,20	0,7	1-3

Por lo tanto, consideraremos K_c = 1,1 como un coeficiente de cultivo adecuado.

2.4.4. Características de las balsas

Para calcular la superficie efectiva de evaporación de la balsa se hace uso de la siguiente expresión suponiendo el caudal total anual y una altura normal del agua en la balsa de 20 cm. Este cálculo se realiza con el 100% del caudal para obtención de un margen de superficie extra.

$$S = \frac{V_{efluente}}{(Profundidad + Evapotranspiración potencial - Precipitación)}$$

$$S = \frac{140}{[0,2 - (-0,97014)]} = 119,64 m^2$$

Se realizan dos zanjas cuya suma superficial sea como mínimo 119,64 m^2. La primera zanja va a albergar la fitodepuración (humedal subsuperficial) cuyo largo será de 6,07 m y un ancho de 2,02 m en su parte más profunda. La segunda balsa alberga el humedal superficial o laguna cuyas dimensiones serán 10,36 m de largo por 10,36 m de ancho. La profundidad de la primera zanja es de 60 cm mientras que la segunda posee 70 cm de profundidad. Las dos balsas contarán con taludes de 45 °.

La impermeabilización estará compuesta por:

- Una primera capa de geotextil (500 g/m^2) en contacto con el terreno, previamente uniformizado y limpio de piedra y otros elementos rígidos.
- Una capa impermeable de detección de fugas de polietileno de 200 μm.
- Una capa impermeable principal de PVC de 1,5 mm.
- Una segunda capa de geotextil (500 g/m^2) ubicado en las zonas donde se colocarán los carriles de grava o bolos para protección de la impermeabilización, en el caso del humedal artificial de flujo subsuperficial.
- Una protección pesada a base de mortero pobre y bolo de río, en el caso de un humedal artificial de flujo superficial o laguna.

Relleno

La constitución del relleno es la misma tanto para el humedal construido de flujo subsuperficial como para el humedal construido de flujo superficial. La diferencia radica en que en el humedal SFS el relleno ocupa toda la profundidad del mismo (60 cm) mientras que en el SFW el relleno se coloca hasta una altura de 30 cm.

El relleno consta de 3 partes, unos carriles para circulación y reparto subsuperficial del efluente, la capa de sustrato principal que realiza el filtrado que sirve de base para las especies no flotantes y unas presas para los elementos de compartimentación horizontal.

Los carriles y zona de entrada de agua están realizados por un relleno de 5 cm de altura de grava de río con una capa de geotextil superior e inferior para evitar la colmatación de la misma.

Las presas están conformadas por áridos de diferentes granulometrías y una capa de geotextil para evitar el arrastre del sustrato.

El sustrato base es una mezcla de substrato, fibra de coco, turba y suelo de la zona.

Sobre todo lo anterior se sitúa una capa de 5 cm de espesor de gravilla de unos 4 mm para evitar la flotación del sustrato previamente a que absorba completamente el agua.

2.4.5. Balances hídricos

Con el balance hídrico se estiman los cambios producidos en el caudal del vertido a consecuencia de los factores climatológicos que suceden en el tiempo que el flujo de agua permanece en el humedal.

Considerando el humedal como un sistema abierto, se establecen las entradas y salidas de la siguiente manera:

- Entradas: Precipitaciones (P), Afluente (A), Producto recirculado (R).
- Salidas: Efluente (E), Evapotranspiración (ETP), Consumo de la constitución de los tejidos de la biocenosis (C), Infiltración (I).

- El consumo de la constitución de los tejidos de la biocenosis se considera desestimable.
- El humedal está impermeabilizado provocando que el volumen de agua residente en el humedal permanezca estanco. Por lo tanto, no hay infiltración.
- No hay recirculación en todo el sistema.

El balance o almacenamiento del ecosistema se define por la diferencia de las entradas menos las salidas:

$$Almacenamiento = (P + A) - (E + ETP)$$

Balance hídrico mensual

El balance hídrico corresponde a la diferencia entre el régimen pluviométrico y la evapotranspiración de cultivo mes a mes.

Mes	Eto Pot corregida (mm/m^2)	Precipitación $_M$ (mm/m^2)	Balance hídrico (mm/m^2)
Enero	40,05	20,26	-19,79
Febrero	54,40	13,85	-40,55
Marzo	84,81	25,05	-59,76
Abril	116,27	33,28	-82,99
Mayo	137,39	18,61	-118,78
Junio	173,25	9,3	-163,95
Julio	180,40	1,84	-178,56
Agosto	164,31	8,16	-156,15
Septiembre	118,83	43,47	-75,36
Octubre	78,11	34,26	-43,85
Noviembre	47,85	32,79	-15,06
Diciembre	36,03	20,68	-15,35
Total	1231,69	261,54	-970,14

Balance hídrico de la instalación

Teniendo en cuenta una superficie inundada de la zanja de 119,64 m^2 en condiciones normales y 20 cm de altura en el nivel del agua, el volumen de oscilación de líquido es de 23,94 m^3 y el balance hídrico de la instalación será:

Mes	Balance zanja (m^3)	Volumen acumulado zanja (m^3)	Cubas (uds) 24 m^3/ud	Déficit (m^3)
Previo		15,62		
Enero	5,80	21,42	0,89	0,00
Febrero	3,32	24,73	1,03	0,00
Marzo	1,02	25,75	1,07	0,00
Abril	-1,76	23,99	1,00	0,00
Mayo	-6,04	17,94	0,75	0,00
Junio	-11,45	6,50	0,27	0,00
Julio	-13,20	0,00	0,00	-13,20
Agosto	-10,52	0,00	0,00	-23,71
Septiembre	-0,85	0,00	0,00	-24,56
Octubre	2,92	2,92	0,12	0,00
Noviembre	6,36	9,29	0,39	0,00
Diciembre	6,33	15,62	0,65	0,00
Total	-18,07		6,17	-61,47

Se espera un excedente de residuo en los meses de febrero, marzo y abril. Para evitar la retirada a EDAR mediante cubas y prevenir mayores afluentes como puede ser el aumento familiar se incrementa 5 cm en la profundidad de la zanja.

La superficie media en ese tramo será de 121,87 m^2, por lo que el volumen acumulable es 6,52 m^3, superando los 1,75 m^3 de excedente máximo en el mes de marzo.

2.4.6. Márgenes de recogida y seguridad

Volumen de oscilación

El volumen máximo normal de agua en la zanja alcanza los 25 cm por lo que el volumen de oscilación de seguridad permitido para aportes hídricos extraordinarios es alto, correspondiendo a 15 cm de altura.

La superficie media de la zanja en ese tramo es de 128,41 m^2 por lo que el volumen acumulable es de 20,89 m^3.

Margen de aporte pluvial

El margen de aporte pluvial sin necesidad de recogida en las condiciones normales de máximo llenado de zanja corresponde a una lluvia 150 mm/m^2.

Tiempos estimados

A raíz de los resultados obtenidos en los cálculos no es necesaria la retirada de agua a EDAR mediante cubas.

2.5. Informe de impacto ambiental

A continuación, se muestran, a modo de tabla, los impactos ambientales de las fases de construcción y explotación con sendas evaluaciones y medidas a tomar.

Fase de construcción

Impacto	Evaluación Impacto	Medidas correctoras, preventivas y minimizadoras
Pérdida de hábitats, alteración de la superficie, efecto barrera y destrucción de la fauna edáfica.	Moderado	• Colocación de vallas en el perímetro de la actividad durante las obras. • Control de vertidos de material y combustibles con efectos negativos para la fauna. • Precaución en la conducción para evitar atropellos.
Pérdida de suelo por ocupación, compactación y variación del terreno.	Moderado - Compatible	• No utilizar más suelo del proyectado. • Evitar zonas forestales o próximas a cauces de agua. • Utilizar una correcta señalización.
Eliminación de cubierta vegetal afectando a la flora de la superficie de la zona de las obras	Compatible	• Determinar y trasplantar el material vegetal de necesaria conservación. • Señalizar correctamente la zona de trabajo. • Restaurar correctamente el terreno afectado.
Vertidos de obra en suelos, aguas superficiales y subterráneas.	Severo - Moderado	• Correcta proyección de la obra. • Correcta reparación de vehículos en talleres especializados. • Comportamiento correcto de los operarios en cuanto los residuos.
Aumento de la zona de trabajo.	Compatible	• Correcta señalización y precaución.

Impacto	Evaluación Impacto	Medidas correctoras, preventivas y minimizadoras
Pérdida de calidad paisajística provocada por vertederos provisionales, almacenamiento de materiales, ...	Moderado	• Utilizar zonas protegidas a la vista para el almacenamiento de maquinaria y elementos auxiliares. • Retirada de residuos incontrolados y contaminantes.
Emisión de gases de combustión de la maquinaria de las obras.	Moderado	• Buen estado en el mantenimiento de las máquinas e ITV en vigor. • Precalentamiento de los motores previo al uso. • Moderación en la conducción de la maquinaria.
Emisión de partículas en suspensión por los materiales pulverulentos de construcción y el provocado por el tráfico rodado en vías sin pavimentar.	Moderado	• Riego periódico de caminos. • Riego de las acumulaciones de materiales. • Uso de silos o sacos para el acopio de materiales de construcción pulverulentos o su cobertura con lonas.
Efectos a la actividad habitual de la zona por el incremento del nivel sonoro.	Compatible	• Mantenimiento general adecuado de la maquinaria e ITV en vigor. • Moderación en la conducción de maquinaria.
Efectos a la fauna por el incremento del nivel sonoro.	Moderado	• Mantenimiento general adecuado de la maquinaria e ITV en vigor. • Moderación en la conducción de maquinaria.
Molestias a la población de Torrelano Bajo por el ruido, circulación de maquinaria pesada, ...	Compatible	• Se contemplan todas las medidas de impacto anteriores y se recomienda realizar los trabajos en horario de oficina.
Riesgos laborales potenciales para los trabajadores provocados por falta de medidas de seguridad.	Moderado	• Aplicación correcta de la normativa competente en prevención de riesgos laborales.

Fase de explotación

Impacto	Evolución Impacto	Medidas correctoras, preventivas y minimizadoras
Contaminación de aguas y terreno por los lodos derivados de la depuradora	Compatible	• Se transportarán los lodos a un gestor de residuos autorizado.
Residuos orgánicos derivados del mantenimiento del humedal	Compatible	• Se separarán según su posible reutilización, como puede ser la creación de compost.
Olores producidos por la depuradora que afectan a la fauna y a la población	Moderado - Compatible	• Diseñaremos la depuradora de aguas residuales con especial atención a evitar la aparición de olores.
Extensión de especies colonizadoras de la flora en detrimento de la flora local.	Moderado - Severo	• Utilización de fauna local o no colonizada.
Creación de nuevos ecosistemas y mejora del presente.	Compatible	• No requiere acción
Integración de la depuradora en el paisaje.	Compatible	• No requiere acción
Reacciones a un sistema diferente a la depuración convencional.	Moderado	• Presentaciones sobre sistemas de depuración basados en humedales artificiales para potenciar el acercamiento de la tecnología a la población.

De la evaluación de impacto ambiental se puede concluir:

La mayoría de impactos que se producen son moderados y aparecen en la fase de construcción, que les otorga el carácter temporal y permite una buena recuperación si se han tomado las medidas adecuadas. En este caso pasan a tratarse todos los impactos como compatibles. El principal problema que se considera es la calidad ecológica de la zona que implica un procedimiento más sensible con el entorno a la hora de realizar los trabajos de construcción.

Existe un gran beneficio ocasionado por el gran número de impactos positivos que se encuentran en este proyecto. Destaca la correcta depuración de aguas generadas por la vivienda, con todos los efectos medioambientales positivos que ello comporta para el municipio. Se han identificado en función del medio afectado y de las causas originarias de los impactos, unas medidas correctoras tendentes a minimizar los aspectos negativos o, en última instancia, a compensar la carencia inducida. En consecuencia, los efectos negativos identificados se pueden considerar, de forma global, ambientalmente COMPATIBLES con el entorno en que se inscriben.

2.6. Presupuesto

CONCEPTO	**CANTIDAD**	**PRECIO**	**SUMA**	**IVA 21%**
PROYECTO Y PLANIFICACION	1	X	X	X
EXCAVACION Y NIVEL LASER	1	X	X	X
MATERIALES IMPERMEABLIZACION	1	X	X	X
TRABAJOS COLOCACION Y MANO DE OBRA	1	X	X	X
MALLA PROTECCION LAMINA	1	X	X	X
ARIDOS, BOLOS Y TURBAS	1	X	X	X
JARDINERIA Y ESPECIES VEGETALES	1	X	X	X
CUADRO ELECTRICO, MATERIAL DE FONTANERIA Y BOMBAS	1	X	X	X
VALLA PERIMETRAL	1	X	X	X
			TOTAL	**IVA**
			X	**X**
			SUMA	**X**

2.7. Memoria de Calidades

CONCEPTO	CANTIDAD
PROYECTO	1
PLANIFICACION	1
EXCAVACION Y NIVEL LASER	21
GEOTEXTIL 500g/m^2 200 METROS	200
POLIETILENO GALGA 400	100
PVC 1,5 mm	100
SALIARIO PEON OBRA	40
COLOCACION LAMINA GEOTEXTIL	2
COLOCACION LAMINA POLIETILENO	2
COLOCACION LAMINA PVC	2
ROLLO DE YUTE 100 m x 1 m pH 6,5 250 L	100
GRAVIN EN SACAS	10
ARENA DE RIO LAVADA	22
TURBA ESPECIAL SIN NITRATO MEZCLA VEGETAL	14
VARIOS ALBAÑILERIA	1
PIEDRA DECORACION BLANCA	5
PIEDRA DE BATEIG DERRIBO	11
PIEDRA DE RIO COLORES 5 TM	5
BOLOS REDONDOS DOS CALIBRES	6
ESPECIES FITO DEPURACION CARRIZOS	400
ADELFAS EXTERIORES 40	40
HINOJO MARINO	50
MANO OBRA VIVERO	10
BOMBA SUMERGIBLE SPA	1
SISTEMA ELECTRICO CAJAS CABLE ETC	1
LLAVES DE PASO 75	2
LLAVE ANTIRRETORNO 110	1
ARQUETAS Y ALBAÑILERIA	2
ARQUETAS DEPU OXIDACION	2
VARIOS FONTANERIA TUBO FLEXIBLE DRENANTE ETC	1
PORTES ARIDOS	6
PORTES TURBA	1
PLUMA COLOCACION MATERIALES	18
BOMBA SOPLANTE ACTIVACION CARRIZAL Y TURBA	1
TABLAS DE MADERA PARA VALLA 1500 x 300 x 50 mm.	250

2.8. Planos

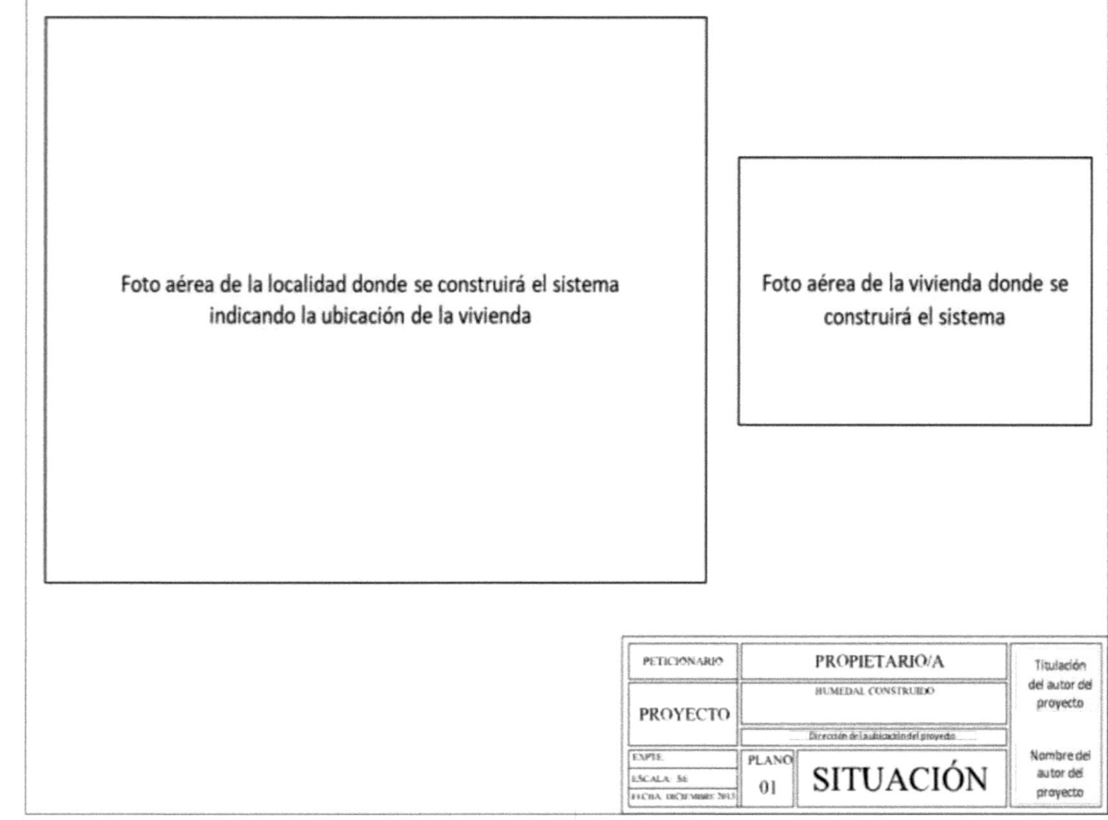

Foto aérea de la localidad donde se construirá el sistema indicando la ubicación de la vivienda
Foto aérea de la vivienda donde se construirá el sistema
PETICIONARIO
PROPIETARIO/A
Titulación del autor del proyecto
PROYECTO
HUMEDAL CONSTRUIDO
Dirección de la ubicación del proyecto
EXPTE.
ESCALA:
FECHA:
PLANO
01
SITUACIÓN
Nombre del autor del proyecto

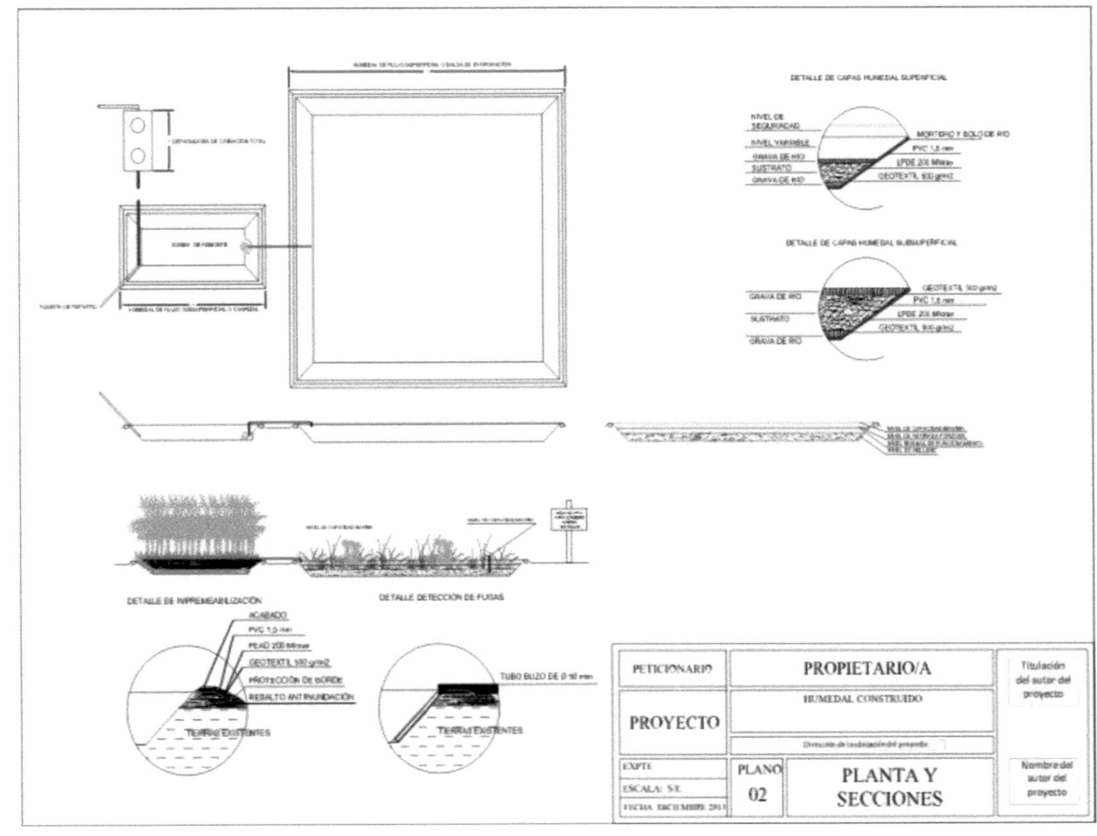
DETALLE DE CAPAS HUMEDAL SUPERFICIAL
NIVEL DE SEGURIDAD
NIVEL VARIABLE
GRAVA DE RIO
SUSTRATO
GRAVA DE RIO
MORTERO Y BOLO DE RIO
PVC 1,5 mm
LPDE 200 Micras
GEOTEXTIL 500 gr/m2
DETALLE DE CAPAS HUMEDAL SUBSUPERFICIAL
GRAVA DE RIO
SUSTRATO
GRAVA DE RIO
GEOTEXTIL 500 gr/m2
PVC 1,5 mm
LPDE 200 Micras
GEOTEXTIL 500 gr/m2
DETALLE DE IMPERMEABILIZACIÓN
DETALLE DETECCIÓN DE FUGAS
ACABADO
PVC 1,5 mm
PEAD 200 Micras
GEOTEXTIL 500 gr/m2
PROTECCIÓN DE BORDE
RESALTO ANTINUNDACIÓN
TIERRAS EXISTENTES
TUBO BUZO DE Ø 50 mm
TIERRAS EXISTENTES
PETICIONARIO
PROPIETARIO/A
PROYECTO
HUMEDAL CONSTRUIDO
EXPTE
ESCALA: S/E
PLANO
02
PLANTA Y
SECCIONES
Titulación del autor del proyecto
Nombre del autor del proyecto

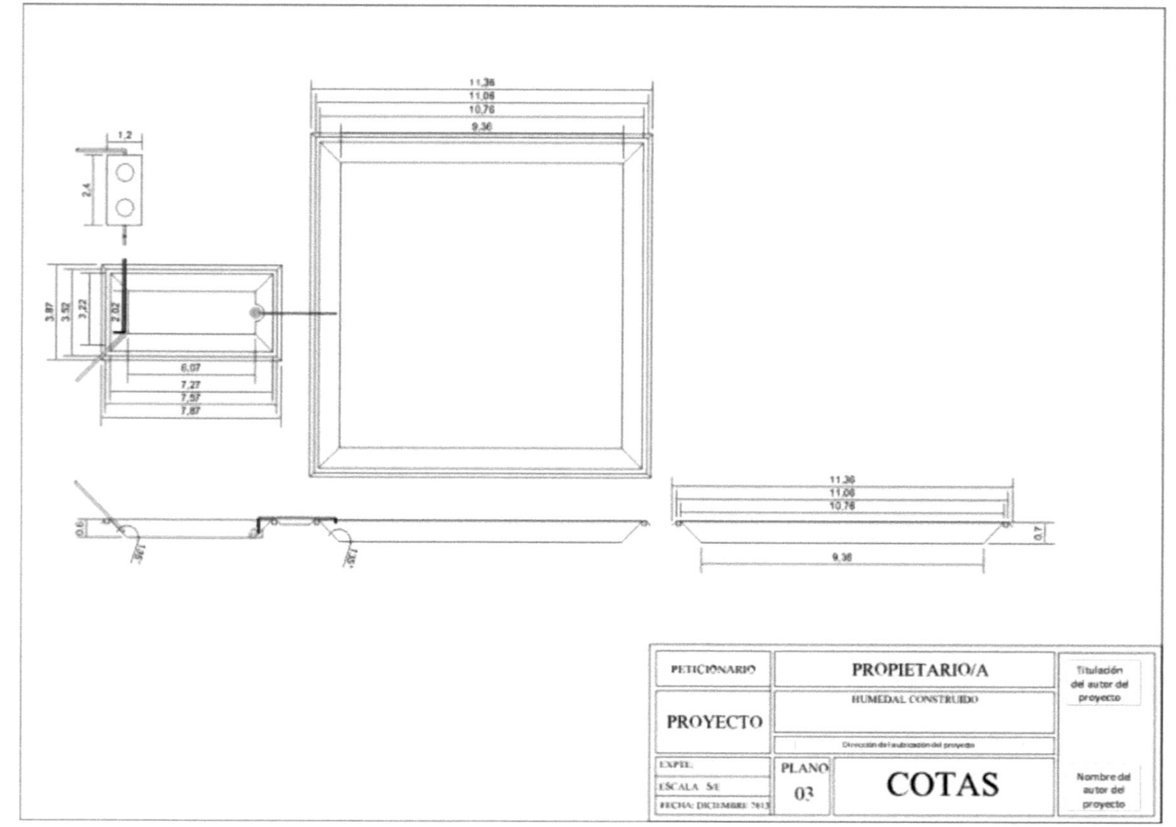
11,36
11,06
10,76
9,36
1,2
2,4
3,87
3,52
3,22
2,02
6,07
7,27
7,57
7,87
0,6
0,7
PETICIONARIO
PROPIETARIO/A
Titulación del autor del proyecto
PROYECTO
HUMEDAL CONSTRUIDO
EXPTE:
ESCALA S/E
PLANO
03
COTAS
Nombre del autor del proyecto

2.9. Anexos

Este proyecto queda abierto a cualquier cambio en el funcionamiento del sistema de fitodepuración-evapotranspiración por parte del propietario o del autor del proyecto.

Lugar y fecha

El: *Titulación*

Fdo.: *El autor del proyecto*

3. Referencias

1. Andreo-Martínez P. Humedales construidos y agua residual. Estado del arte: Una tecnología alternativa, sostenible y ecológica a los sistemas tradicionales de depuración: PUBLICIA; 2016.
2. Andreo-Martínez P, García-Martínez N, Almela L. Domestic Wastewater Depuration Using a Horizontal Subsurface Flow Constructed Wetland and Theoretical Surface Optimization: A Case Study under Dry Mediterranean Climate. Water 2016, 8 (10): 434. doi: 10.3390/w8100434
3. Andreo-Martínez P, García-Martínez N, Quesada-Medina J, Almela L. Domestic wastewaters reuse reclaimed by an improved horizontal subsurface-flow

constructed wetland: A case study in the southeast of Spain. Bioresour Technol 2017, 233: 236-246. doi: 10.1016/j.biortech.2017.02.123

4. Andreo-Martínez P, García-Martínez N, Quesada-Medina J, Almela L, Ortiz-Martínez VM, Hernández-Fernández FJ. Humedales construidos de flujo subsuperficial horizontal. Ecuaciones y cálculos para el tratamiento de aguas: Paraninfo; 2018. p. 241-248.

5. Andreo-Martínez P, Ortiz-Martínez VM, Muñoz A, Menchón-Sánchez P, Quesada-Medina J. A web application to estimate the carbon footprint of constructed wetlands. Environ Model Software 2021, 135: 104898. doi: 10.1016/j.envsoft.2020.104898

6. Real Decreto 1620/2007, de 7 de Diciembre, por el que se establece el régimen jurídico de la reutilización de las aguas depuradas, BOE num. 294 (2007).

7. Real Decreto 1000/2010, de 5 de agosto, sobre visado colegial obligatorio, BOE num. 190 (2010).

8. Real Decreto 1332/2000, de 7 de julio, por el que se aprueban los Estatutos Generales de los Colegios Oficiales de Ingenieros Industriales y de su Consejo General, BOE num. 175 (2000).

9. El visado de trabajos profesionales es una función muy importante por el valor añadido que aporta. Disponible en: http://www3.ciccp.es/el-visado-de-trabajos-profesionales-es-una-funcion-muy-importante-por-el-valor-anadido-que-aporta/. Consultado el 29-03-2021, (2021).

10. Pizarro Camacho D, Soca Olazábal N. El VISADO COLEGIAL: SU OBJETIVO, ALCANCE, PROBLEMÁTICA Y PERFECCIONAMIENTO.

11. Deaño RB, Jiménez ÁRJT. Pequeñas plantas de tratamiento de aguas residuales: eficiencia de depuración según EN 12566-3. 2013, (4): 37-41.

12. Reed SC, Crites RW, Middlebrooks EJ. Natural systems for waste management and treatment, 2nd Ed, New York, USA.: McGraw-Hill; 1995. 433. p

Printed by Books on Demand GmbH, Norderstedt / Germany